U0197756

儿童趣味百科

DK儿童
睡眠小百科

[英]维基·伍德盖特 著/绘
董蓓 译

電子工業出版社
Publishing House of Electronics Industry
北京·BEIJING

版权贸易合同登记号　图字：01-2022-2966

图书在版编目（CIP）数据
DK儿童睡眠小百科/（英）维基·伍德盖特（Vicky Woodgate）著、绘；董蓓译. --北京：电子工业出版社，2022.8
ISBN 978-7-121-43963-6

Ⅰ. ①D… Ⅱ. ①维… ②董… Ⅲ. ①睡眠－儿童读物
Ⅳ. ①Q428-49

中国版本图书馆CIP数据核字（2022）第121993号

责任编辑：苏　琪　特约编辑：张　怡
印　　刷：惠州市金宣发智能包装科技有限公司
装　　订：惠州市金宣发智能包装科技有限公司
出版发行：电子工业出版社
　　　　　北京市海淀区万寿路173信箱　邮编：100036
开　　本：787×1092　1/16　印张：4.5　字数：52.15千字
版　　次：2022年8月第1版
印　　次：2024年2月第2次印刷
定　　价：78.00元

凡所购买电子工业出版社图书有缺损问题，请向购买书店调换。若书店售缺，请与本社发行部联系，联系及邮购电话：（010）88254888，88258888。
质量投诉请发邮件至zlts@phei.com.cn，盗版侵权举报请发邮件至dbqq@phei.com.cn。
本书咨询联系方式：（010）88254161转1882，suq@phei.com.cn。

FSC 混合产品 纸张｜支持负责任林业 FSC® C018179

www.dk.com

目录

什么是睡眠？

快来认识一下我们的睡眠向导吧

猫咪特别喜欢睡觉，所以，由它们担任我们的睡眠向导，再合适不过啦。现在，就让我们跟随喵星人的脚步，一起进入神秘的睡眠世界吧。

睡眠对于每个人来说都十分重要。实际上，我们必须依靠睡觉来保证生存——就好比我们必须得吃东西和喝水一样！即使科学家们已经做了很多关于睡眠的研究，我们对睡眠却依然不够了解。但我们已经知道的是，睡眠可以帮助我们修复身体、调节体重、学习技能、解决问题、提高创造力、增强免疫力、保持心理健康等。每天晚上，美美地睡上一觉之后，我们都会感到活力四射，仿佛能够征服全世界！

睡眠姿势

你一般怎么睡觉？是团成一个球，还是呈“大”字形躺在床上？下面是我们常见的几种睡姿（不过我们可能一整晚要换好几种睡姿哦！）你习惯哪一种呢？

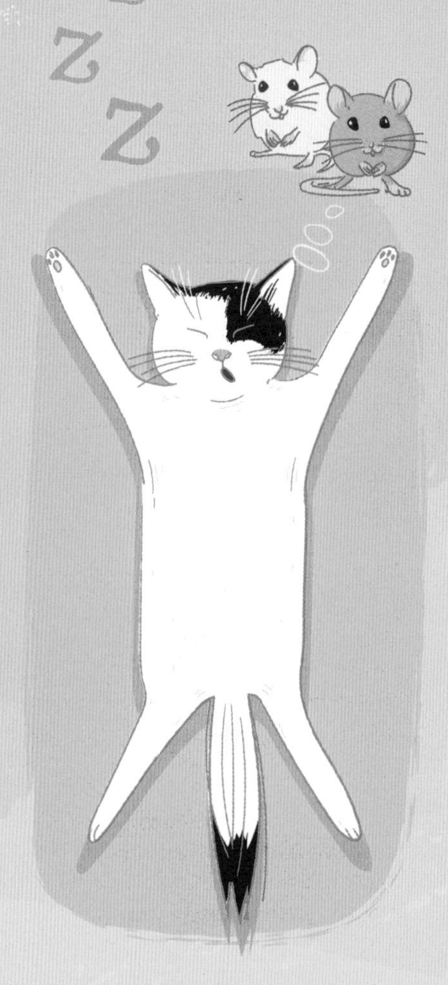

士兵型

平躺，双臂平放在身侧。这种睡姿可以防止脸上压出睡纹，不过可能会让你打鼾哦！

海星型

真是床上一霸呀！这种睡姿对你的后背有好处，但是也会让你打鼾。

树干型

睡得像根树干似的，那就侧躺着好好享受平静的夜晚吧。

来看看有多少人分享了他们的睡姿*……

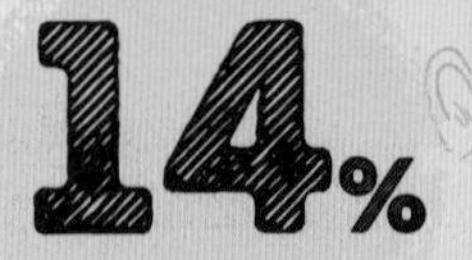

*其它睡姿12%。

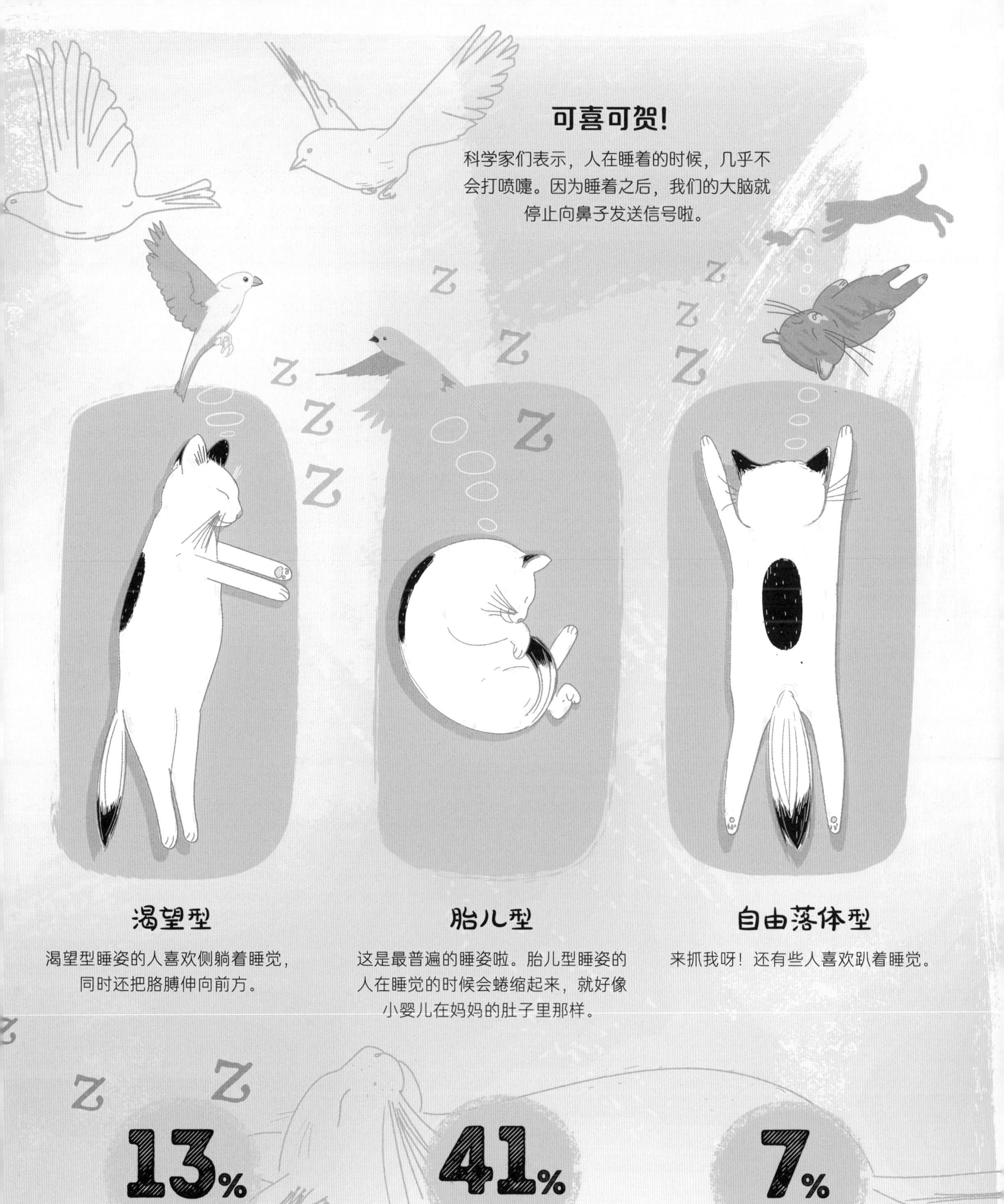

可喜可贺!

科学家们表示，人在睡着的时候，几乎不会打喷嚏。因为睡着之后，我们的大脑就停止向鼻子发送信号啦。

渴望型

渴望型睡姿的人喜欢侧躺着睡觉，同时还把胳膊伸向前方。

13%

胎儿型

这是最普遍的睡姿啦。胎儿型睡姿的人在睡觉的时候会蜷缩起来，就好像小婴儿在妈妈的肚子里那样。

41%

自由落体型

来抓我呀！还有些人喜欢趴着睡觉。

7%

睡眠的模式：云雀型、猫头鹰型

每天清晨，你是会从床上一跃而起，精神抖擞地迎接崭新的一天，还是会拿被子蒙住脑袋，继续睡个回笼觉呢？我们大部分人都有着特定的睡眠模式，这是由我们的基因决定的。

“我爱早起！”

身体里的时钟

昼夜节律

昼夜节律，也叫“生物钟”，它在我们的大脑里24小时持续运转。生物钟会根据昼夜光线的变化，告诉我们什么时候该睡觉，什么时候该起床。

20%

云雀型

云雀型睡眠模式的人在早晨工作效率更高，但是一到夜晚，早早地就累了。

60%

蜂鸟型

蜂鸟型睡眠模式的人介于云雀型和猫头鹰型之间，还可以在这两种类型之间来回切换。有研究表明，蜂鸟型睡眠模式甚至还可以进一步划分。

“我睡得早，起得晚！”

注：以上百分比只是基于一系列研究的粗略估计。

雨燕型和山鹬型

不同的生物钟决定了不同的睡眠模式！目前，我们所知道的共有三种模式，分别是云雀型、蜂鸟型，以及猫头鹰型。但是，除此之外，研究表明还有许多其他类型的睡眠模式，例如，雨燕型和山鹬型。

“我爱熬夜！”

改变？不存在的。

研究表明，如果你天生就是云雀型或猫头鹰型睡眠模式的人，那么基本上就已经定型，不太可能改变。

20%

猫头鹰型

猫头鹰型睡眠模式的人通常是早起困难户，但是夜晚工作效率高。

小测试

你习惯哪种睡眠模式呢？

1. 起床闹钟响啦，你……

a. 从床上一跃而起——根本不需要闹钟！

b. 按下“贪睡”按钮，再睡五分钟……

c. 继续蒙头大睡。闹钟？不存在的。

2. 夜幕降临，该睡觉啦，你……

a. 早早换上睡衣，再读会儿书，就开始犯困啦。

b. 写写作业，吃吃晚饭，看看电视——哎呀，都已经到睡觉的时间点啦！

c. 眼睛瞪得像铜铃，毫无睡意，大脑疯狂运转！

3. 你白天会犯困吗？

a. 完全不会。

b. 有时候会。

c. 会，尤其是早上的时候。

4. 你最喜欢什么时候吃东西？

a. 早餐时间——太饿了，实在是等不及啦！

b. 十点钟左右——小零食时间到啦！

c. 夜深人静——深夜食堂棒极啦！

5. 周末到啦，你喜欢什么时候起床呢？

a. 精神饱满地早早起床，迎接新的一天！

b. 贪睡一小会儿，这可是周末呀！

c. 一觉睡到中午，除非吃饭，否则别想叫醒我。

测试结果：

A选项更多	云雀型
B选项更多	蜂鸟型
C选项更多	猫头鹰型

我们的身体

睡着之后，我们的身体会发生什么样的变化呢？是会完全处于“关机状态”吗？实际上，当我们安安静静睡觉的时候，我们的身体可没闲着。睡眠状态下，它会自动切换成“维护模式”，开始修复损伤，从而保护自己在今后免受疾病和伤痛的困扰。

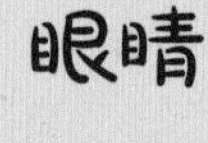

你有没有注意到，有的人睡着之后，眼珠会在眼皮下动来动去？这种行为叫做“快速眼动”——当我们在做梦的时候，通常会有这样的行为。

大脑

即便是睡着以后，我们的大脑也在工作，它会进入好几个睡眠周期，每个周期大约持续90分钟。

“我可爱睡美容觉啦！”

胃

每到夜晚，消化系统的运作就会变慢。睡眠不足会影响荷尔蒙，从而让我们感到饥饿。

肾

肾可以过滤我们血液里的毒素，并产生尿液。我们睡着的时候，肾的运作也会变慢，但还是会持续过滤我们身体里潜在的毒素，帮助我们保持健康。

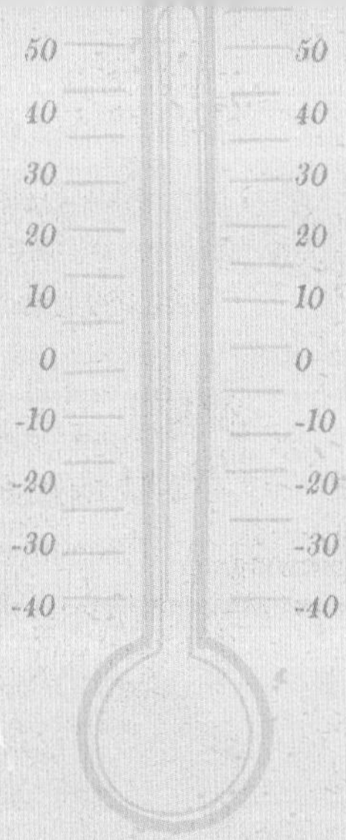

体温

睡觉的时候，为什么我们喜欢蜷缩在被窝里呢？这是因为——睡着之后，我们的体温会变低。

皮肤

睡觉的时候，也会产生生长激素，它们可以帮助我们的身体生长和自我修复。也就是说，“美容觉”是真实存在的！

淋巴结

如果睡眠不足，我们的免疫系统所需的蛋白质也会不足，从而无法应对我们身体里出现的各种问题，就会更容易感冒、咳嗽，甚至感染病毒！

骨骼

研究表明，睡觉的时候骨骼也在生长。所以，如果我们想拥有强壮健康的骨骼，就好好睡觉吧！

睡着之后，我们也会释放“毒气”哦！

肌肉

快速眼动睡眠期间，虽然我们的眼睛一直在动，但是我们的肌肉不会动。这是大自然保护我们的方式。不然，如果我们一边做梦，一边乱动，就很容易伤害到自己！

来抓我呀

你在睡觉的时候，有没有突然惊醒过？这种行为叫做“入睡抽动”，不过不用担心——顶多也就是无意识地抽搐一下。

第一阶段

在睡眠的第一阶段，我们的脑电波和心跳都会变慢。随着逐渐入睡，我们的肌肉也会开始放松下来。
在这个阶段，我们很容易被叫醒。
这个阶段持续的时间很短，不超过十分钟。

激素

我们的生物钟会受到褪黑素的影响——褪黑素是一种在夜晚才会产生的激素。它不仅有助于我们的睡眠，还能保护我们身体里的细胞不受自由基的损伤。

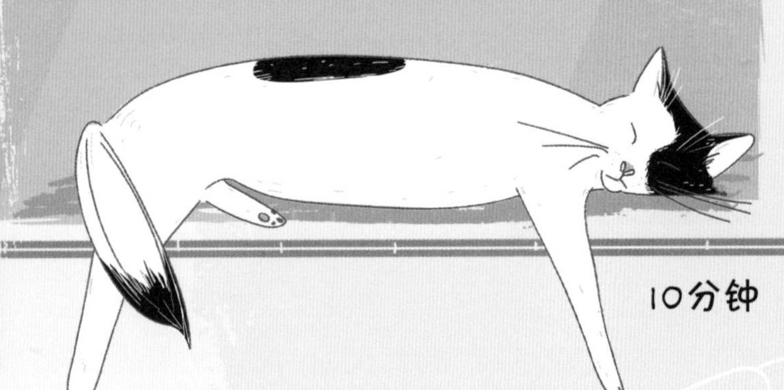

第二阶段

当我们进入睡眠的第二阶段之后，心跳会继续变慢，呼吸也逐渐放缓，而肌肉则变得越来越放松。此外，在体温下降的同时，我们的大脑也会产生睡眠纺锤波——这是一种节奏分明的急速脑电波，几乎每分钟都会出现。

在这个阶段，我们还是很容易被叫醒。

大脑

有了急速脑电波，大脑就可以把短期记忆转换为长期记忆啦。

10分钟

第一个睡眠周期

30分钟

睡眠的阶段

睡觉的时候，我们通常要花90分钟左右的时间来完成所有的睡眠阶段。理想情况下，每天晚上，我们要经历5到6个睡眠周期（因人而异，因年龄段而异）。随着时间的流逝，我们每个睡眠阶段花费的时间也会有所改变。例如，深度睡眠的时间会变短，而产生梦境的快速眼动睡眠的时间则会变长。

第三阶段

第三阶段是深度睡眠阶段。进入深度睡眠的我们很难被叫醒，而我们的身体也开始进入修复模式：更多的血液进入肌肉，身体组织和骨骼都会开始生长和修复，我们的免疫系统也会变得更加强大。

睡眠时间

对于小朋友来说，在他们的童年里，有40%的时间都是在睡觉中度过的！

在这个阶段，我们很可能会梦游哦！

快速眼动睡眠

大约60~70分钟之后，我们就进入下一个睡眠阶段了，也就是快速眼动睡眠。在这个阶段，我们的大脑更加活跃，呼吸更加急促，心跳也随之加快，而我们的双腿和胳膊也会变得使不上力气。

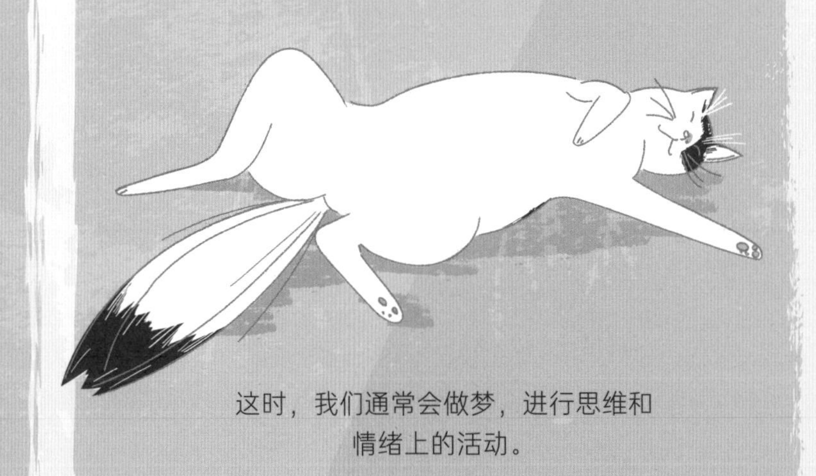

这时，我们通常会做梦，进行思维和情绪上的活动。

快速眼动

快速眼动睡眠有助于我们的大脑形成长期记忆，培养学习能力和想象力。比起其他年龄段的人来说，小宝宝的快速眼动睡眠时间更长——真是一群小机灵鬼！

60分钟

90分钟

睡眠周期

第一个睡眠周期结束，并且快速眼动睡眠也完成之后，我们就会重新开始新的一轮睡眠周期，并再次经历所有的睡眠阶段。随着周期的叠加，我们的快速眼动睡眠时间会变长，做梦的时间自然也就会变长啦。

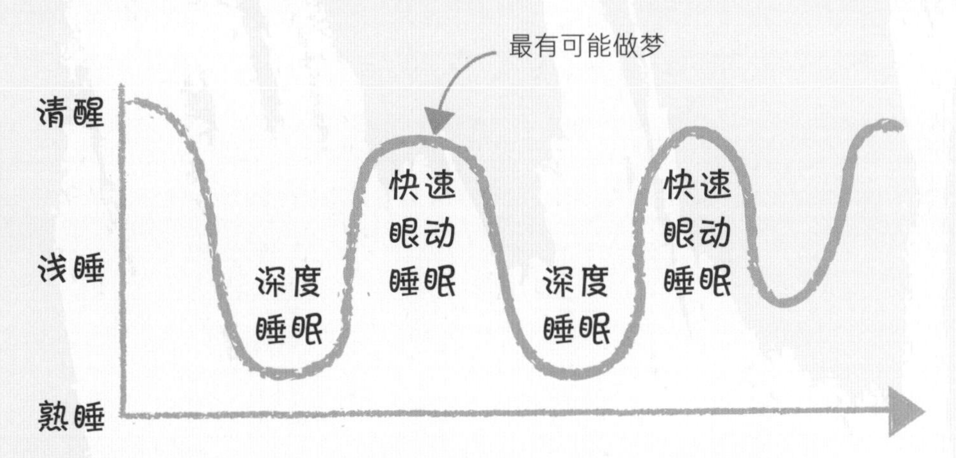

我们当中12%的人的梦境是黑白的哦！
就算是彩色的梦境，梦里的颜色也是柔和淡雅的。

左手和梦境

如果习你惯用左手，那么，你做“清醒梦”的几率会更大哦！

我们能看到什么

梦境之所以因人而异，是因为我们每个人的经历都各不相同。但是，有的梦境还是会有一些共通之处，比如，在梦里我们都曾经被追赶过，坠落过，感到过寒冷，甚至飞翔过。

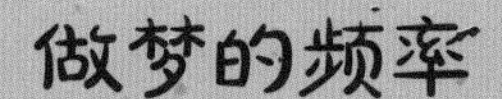

做梦的频率

每天晚上，我们大约会做3~6次梦，每次做梦持续5~20分钟。也就是说，在我们的一生当中，平均六年的时间都在做梦。

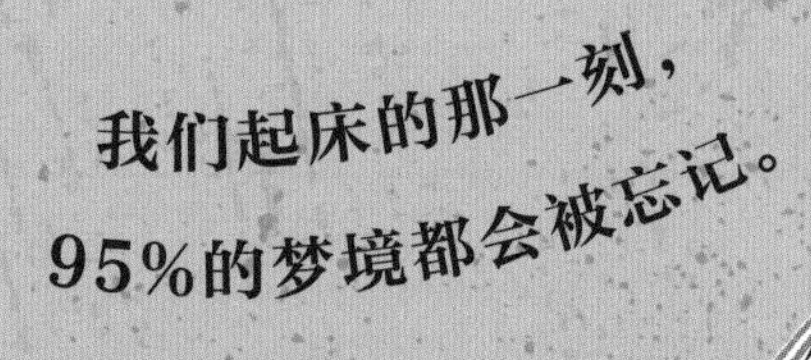

我们起床的那一刻，95%的梦境都会被忘记。

动物

小动物们也会做梦哦！研究表明，它们也会经历睡眠的不同阶段，包括快速眼动睡眠，也就是我们最容易做梦的阶段。

记忆

做梦有助于我们形成长期记忆。

梦境

每个人都会做梦。梦可以是有趣的，也可以是伤心的，甚至可以是稀奇古怪的！关于做梦的原因，我们并不十分清楚。但是做梦的时候，可能也是我们的大脑解读、处理我们所接收到的信息的时候。

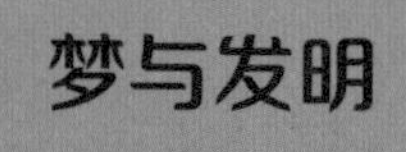

梦与发明

很多最伟大的灵感都来自于梦境。拉里·佩奇就是在梦里想到创建谷歌这个点子的！

噩梦的起因

导致噩梦的原因很多——可能是你见过或经历过的某件事情，也可能是某个恐怖电视节目、惊悚故事、电子游戏，或者甚至仅仅是墙上的一道影子。

噩梦与情绪

我们睡前的所思所想也会影响梦境。好消息是，噩梦结束之后，我们通常都会觉得好受多了。这是因为在梦里，大脑已经消化了导致我们做噩梦的忧虑情绪了。

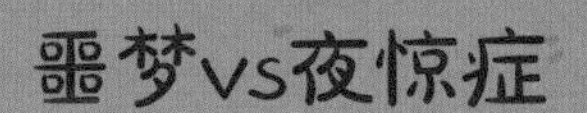

夜惊症和噩梦有些许不同。夜惊症通常在睡眠的第二、三阶段发作——非快速眼动睡眠阶段——具体表现为尖叫、动来动去，甚至跳下床等！夜惊症发作期间，我们依然处于熟睡状态。

恐惧与忧虑

如果你总是做噩梦的话，可以尝试和信任的人聊一聊，他们或许可以帮你发现导致你忧虑的原因。

噩梦

压力、恐惧、焦虑和忧郁——这些情绪都会导致做噩梦。做噩梦的时候，我们可能会惊醒，也会感到害怕，不用担心，这是很正常的！有的梦境会非常真实，但是它们并不是真实发生的，只是我们神奇的大脑和想象力在处理我们的情绪和经历。

历史
神话
传说

古老的崇拜

古埃及人崇拜猫（那是当然了）。猫之女神贝斯特被看作是月亮女神伊希斯灵魂的化身。

关于睡眠，不同文化和信仰的人有着各种各样迷人的想象。在很多文明国度的人看来，神是在梦中和他们交流的。此外，也有无数的人相信梦境可以预见未来！和睡眠有关的神奇传说也被人们世代相传。

我们睡觉的床和场所也经历了各种变化。曾经，大家喜欢成群结队地挤在一起睡觉，之后，大家开始越来越习惯各睡各的，甚至连我们的睡觉模式也随着时间的流逝而改变了……

克罗顿的阿尔克迈翁

美索不达米亚人

7000年前，美索不达米亚人相信，梦境可以预见未来。他们会把梦记录在陶片上，这也是最早的梦境日记。

梦境陶片

贝斯特

古希腊人

公元前450年，希腊医学理论家，克罗顿的阿尔克迈翁（Alcmaeon of Croton）认为，睡眠是一种无意识的咒语，这种咒语是由于血液从身体表面被抽离而导致的。然而到了19世纪，医生们却推测，睡眠是由于太多血液聚集在大脑而引起的。

古埃及人

公元前800年，古埃及人建造了巨大的神庙来敬拜月亮女神爱希丝。很多人会聚集在一起解梦，因为他们坚信，梦是神的旨意。

历史上的睡眠

历史上，在对睡觉这件事情上，不同的文化有着不同的观念。例如，古埃及人珍视睡眠，接受睡眠。但是，中世纪的基督徒们却对睡眠充满恐惧，他们坚信，睡着之后会有生命危险。甚至，连我们睡觉的时间点都随着历史的进程改变了。曾经，我们是分两个不同的时间段睡觉的，而如今，我们更习惯于一次性睡上一整觉……

双相睡眠

在电被发明之前，很多人习惯双相睡眠模式，从而节省天光。他们通常在傍晚时分入睡，在午夜时分醒来，吃点东西，读点书，做些家务，甚至见些朋友，然后在天亮之前，再睡上几个小时。

单相睡眠

之后，人造光被发明出来。并且在工业革命之后，人们的工作模式也变得更加固定了。所以，越来越多的人开始习惯八小时单相睡眠模式。直到今天，世界上大部分国家的人依然遵循这一模式。

富人VS穷人

从前，有钱人更能熬夜，因为他们买得起蜡烛！

要有光

在人造光被发明之前，黑暗通常伴随着危险。然而，在18世纪90年代，煤气灯点亮了大街小巷。一百年后，电灯泡的出现也照亮了黑夜。随着人造光的出现，世界也随之改变。但直到今天，仍然有大约十亿人的家里还没能用上电灯。

邪恶的想法

中世纪的基督徒认为，睡着之后，魔鬼会侵入他们的梦境，并伤害他们。

1882年，有一台叫醒设备被发明出来，计时结束的时候，人会被掉下来的重物砸醒——听起来就好疼啊！（还好这个设备没流行起来！）

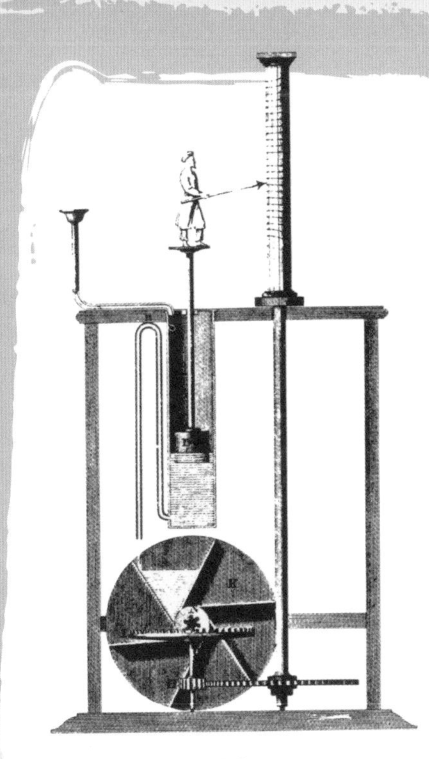

砰！

公元前250年，古希腊工程师克特西比乌斯发明了历史上第一个闹钟——他在水钟上安装了指针，计时结束的时候，鹅卵石会掉在锣上，发出声响。

不同时期的床

数千年来，人们都睡在枯枝败叶或动物皮毛制成的床上。后来，这些原始的床具逐渐被更加舒适的床架和床垫取代，最终形成了我们如今每晚睡觉的床！

公元前10000年

这一时期，人们成群结队地挤在巨大的床上睡觉。这些床由一层一层的树叶制成，里面甚至还有蕨类植物的叶子。

公元前3200年

古代的北欧部落睡在由凸起的石块制成的床上，好疼的感觉！

公元前1000年

波斯人睡在山羊皮制成的水床上——这也是史上最早的水床！

几千年来，羽毛一直被用来填充床上用品。

罗马人白天用的床

公元前700年–公元450年

富裕的罗马人热爱各式各样的床，甚至在不同的场合要用不同的床——吃饭要用吃饭的床，睡觉要用睡觉的床，连娱乐都要用娱乐用的床！

公元前2000年

富有的埃及人睡在镀金的木制床上，床腿被雕刻成了动物四肢的样子。但是，头枕的地方真的超级硬！

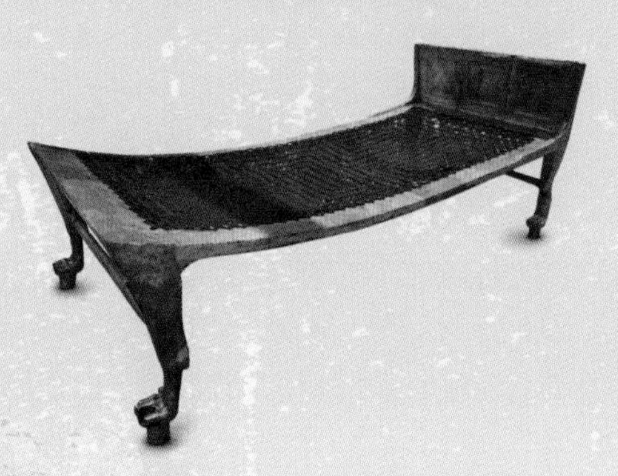

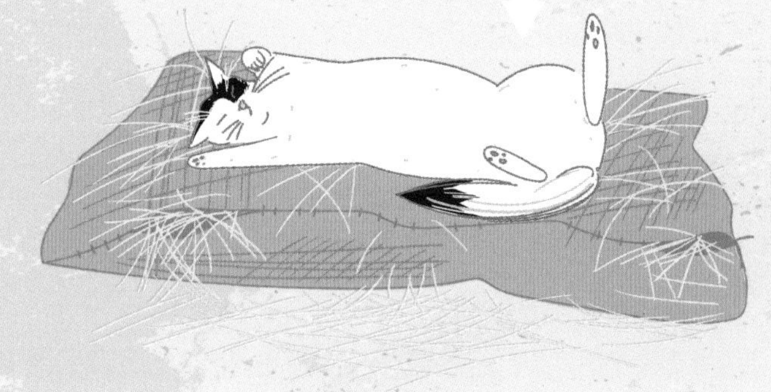

稻草床垫

中世纪时期，许多人睡在稻草填充的麻布床上。这也是“倒在稻草上（‘Hit the hay’，表示‘去睡觉’）”这一说法的由来。

在南非名为细布度的洞穴里，人们发现了世界上最古老的床垫。据说，这个床垫已经七万七千岁啦！

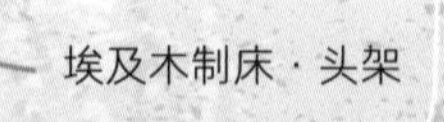

埃及木制床 · 头架

动物四肢形状的床腿

床具之王

法国路易十四世国王痴迷各种各样的床具，藏品多达413件！其中，很多床具都点缀着金、银和珍珠等饰物。

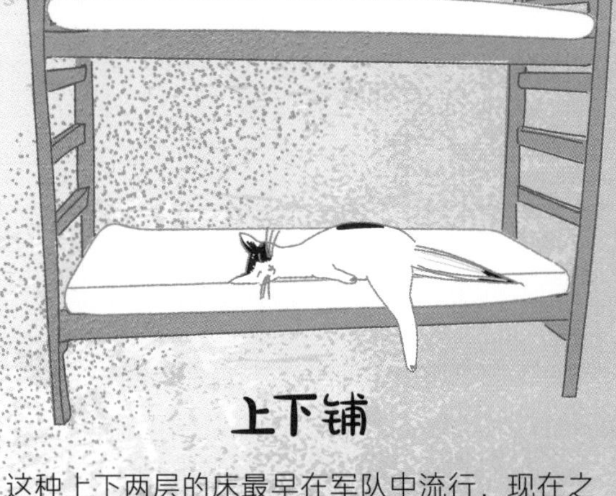

上下铺

这种上下两层的床最早在军队中流行，现在之所以在家家户户流行起来，一部分原因是因为睡上下铺实在是太好玩儿啦！

1400年

这一时期的欧洲，简单木制床变得越来越常见，人们甚至会带着它们去旅行。这也是历史上最早的平板床。

1600年

此时的欧洲，有着奢华雕刻的四柱卧床逐步演化成了地位的象征——越精美越好！

1800年

棉花开始逐渐取代稻草和羽毛，被用来填充床品。

1865年

维多利亚时期，人们发明了弹簧，装在木制或金属床架上，再放上床垫，可舒服啦！

可折叠日式床垫（一种可以卷起来的床垫）开始在全世界流行起来。

1990年

美国国家航空航天局（NASA）发明了记忆海绵，现在被广泛使用在枕头和床垫上。

人们发明了第一张自带电视的床。

2013年

人们发明了第一个自带温控功能的床垫。

好激动呀！不知道以后的床还会变成什么样呢？

小心床虱！

这种会吸血的小虫子已经在床上存活了几千年啦！我的天呐！

毗湿奴

印度教徒相信，至高无上的毗湿奴在他无边的梦境里创造了宇宙。在他的梦里，一朵莲花从他的肚脐中生出。随后，梵天（Brahma）在花瓣里诞生，并把莲花分成了三个部分，分别对应着天堂、大地和天空。

布朗尼

英国民间的传说里有一种神秘的小精灵，叫做“布朗尼”。每到夜晚，等到人们都睡着了，它们就会悄悄潜入家中，帮忙做家务。作为回报，这种行踪不定的小精灵会想要喝一些粥和牛奶哦！

貘

貘是日本民间传说中一种神秘的动物，它们长相奇怪——有着大象的鼻子，熊的身体，老虎的爪子，牛的尾巴。这种动物也被称为“食梦貘”，它们通常会在晚上出现，吃掉我们的噩梦。

解忧娃娃

在中美洲的危地马拉，每晚睡觉前，孩子们会把自己的烦恼告诉一种手工制成的解忧娃娃，娃娃们会在夜晚帮他们分担这些烦恼。这种手工娃娃起源于古玛雅族，所以往往穿着古玛雅族的传统服饰。

修普诺斯

修普诺斯，拉丁语为“索姆努斯（Somnus）”，是古希腊-罗马时期的睡神，他的母亲是黑夜女神倪克斯。他常年居住在冥界，和他一起生活的还有他的儿子们，他们都是梦的使者。

摩耳甫斯

摩耳甫斯是修普诺斯的儿子，是梦的信使。他的兄弟福柏托耳负责传递野兽形态的噩梦。而他的另一个兄弟，方塔苏斯则负责创造怪诞离奇的梦境。

神话传说

夜晚是神秘的，甚至是可怕的。关于夜晚，因为有着不同的信仰，世界各地的人们创造出了各种各样的神话传说，有的非同寻常，有的令人着迷，有的怪诞无比，有的甚至有些离奇！比如，日本人认为，如果我们晚上睡不着，那么一定是因为我们醒着出现在了别人的梦里——天呐！

夏威夷语的“梦”

在夏威夷，“Moe'uhane”的意思是灵魂睡眠。古夏威夷人相信，在他们睡着之后，神会给他们传达指引，带来好运和爱情，还能帮助他们预见未来，治愈伤痛。

沙人

在欧洲民间传说里，沙人会让我们陷入沉睡，然后在我们的眼睛上撒上神奇的沙子，这样我们就会有美妙的梦境。你醒来的时候，有没有在眼角发现过沙沙的东西呢？说不定就是那些神奇的沙子哦！

捕梦网

北美洲的奥吉布瓦部落发明了捕梦网。他们相信，蜘蛛女侠阿西比卡什会用自己织的网来捕捉噩梦，从而保护他们不受伤害，一夜安睡到天亮。捕梦网的中间之所以有个洞，是因为要让好梦能够顺利通过哦！

大乌龟

美洲原住民部落，阿布纳基族人相信，入睡前，造物主在大乌龟的背上造出了大地。沉睡之后，他又创造出了人类和动物。

梦中时光

澳大利亚原住民相信，梦境是过去、现在和未来的交汇点。在梦中，这三个时间可以同时存在。

睡眠麻痹/梦魇

所谓“睡眠麻痹/梦魇”，指的是——我们在快速眼动睡眠阶段惊醒，但是我们的大脑还在做梦，身体却无法动弹。这个时候，往往会产生幻觉，既真实，又可怕。或许这就是为什么关于夜晚会有这么多可怕的传说了吧！

嘘！

说起可怕的神话，怎么能少了玛拉（Mara）呢？玛拉是德国民间传说中的人物，他会在我们睡着之后，骑在我们的胸膛上，把我们的梦都变成噩梦。“Mara”或“Mare”也是英文单词“nightmare（噩梦）”的来源。

浩瀚夜空

晴朗的夜空令人惊叹，在浩瀚无边的星空下睡觉更是让人愉悦。下次睡觉之前，记得看一眼天空哦，就像从前的哲学家和科学家那样——一边看着夜空，一边思考藏在夜幕之后神秘的一切。

不一样的天空

在北半球和南半球看到的星星都不一样哦！

光污染

在现在这个高速发展的世界，我们的城镇里充满了各种光线，甚至在夜晚都灯火通明。夜晚的灯光可以确保我们的安全，但也有缺点。比如，我们的生物钟会受到干扰，本不该在夜晚出现的灯光会让很多人产生睡眠问题。

星星

仅仅在我们的银河系，就有超过三千亿颗星星。星座，或者说星群，布满了夜空。历史上，很多文明都会借助星星来讲述神的伟大传说。人们还会用星星来导航——就像地图一样。

夜之歌者

到了晚上，街上的灯光会让鸟儿误以为是白天，所以，它们会在本该睡觉的时候放声歌唱。

英仙座

英仙座，是北部天空的一个星座，得名于希腊神话故事里的一位英雄，珀耳修斯。他趁蛇发女妖美杜莎睡着的时候，杀死了她。据说，只要看一眼，邪恶的美杜莎就可以将一切活物都变成石头。

月亮

几千年来，人们都相信，月亮的运转周期会影响我们的心情和睡眠。但是，月亮真的会影响我们睡眠的好坏吗？有些研究表明，满月的时候，我们更难入睡，还会焦躁不安，做奇怪的梦。但也有研究表明，满月对我们不会造成什么影响。看来，关于这个神秘的问题，还没有确切的答案呢！那么，你在满月的时候睡得好吗？

人类与睡眠

一起睡觉的好朋友

大概有三分之二的猫咪都爱和它们的主人一起睡觉。

随着成长，我们的睡眠也在不断改变。我们所需睡眠时间的多少是由身体和大脑的发育状况决定的。比如，新生儿好像永远都在睡觉，青少年也仿佛总是睡不够似的，但我们的父母和祖父母的睡眠时间却少得多——在现代社会的快节奏下，有时候，我们的睡眠时间甚至会严重不足。

世界上不同国家和地区的人也有着略微不同的睡眠时间。在新西兰，孩子们晚上七点半就上床睡觉了，但是在中国香港地区，有一些小朋友要到晚上十点半才准备睡觉。

晚间工作

全世界数以百万计的人在晚上工作。在这些工作中，有的是需要一天24小时不停歇，有的只能是在晚上进行。全天不停歇是为了保证我们的世界正常运转。比如，执法人员、上货员、工厂工人、送货司机、空中交通管制人员等。那么，常年在夜晚工作会对他们的睡眠产生怎样的影响呢？

飞行员

有的飞行员喜欢在宁静的夜晚执飞。不过，在飞行期间，为了保持清醒和警觉，他们会把驾驶舱的灯打开。

消防员

消防员的工作班次非常不规律，并且，他们还必须在精神和身体上做好随时应对任何危机的准备。一些消防员都患有睡眠障碍，但往往连他们自己都没有意识到。

护士

在漫长的夜班期间，为了更好地监护睡着的病人，护士们必须全神贯注。在黑暗的房间里睡觉可以保证他们进行必要的休息。据估计，全世界大约有两千八百万名护士哦！

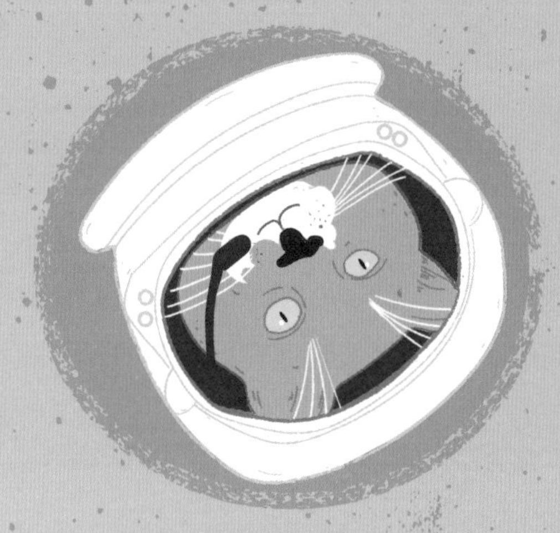

宇航员

在太空里睡觉可不容易！因为每90分钟绕星球一圈，宇航员们经历的昼夜变化跟地球上的我们千差万别。为了保证睡眠模式不受干扰，眼罩对他们来说就变得至关重要啦！

关于睡眠的那些小事儿

滴答滴

对于在晚间工作的人来说，不管几点入睡，每天保证同一时间睡觉是对抗睡眠问题最好的办法。

制造业人员

为了满足全球商务每天24小时不间断运转的高需求，很多员工在晚上也得工作。回家后，虽然其他工作伙伴都还醒着，他们也要尽量小点声，以保证不影响家人休息。

急诊医生

对于急诊科医生来说，他们要面临的往往是不可预见且要求极高的事件，这些紧急事件通常事关生死。因此，即便是凌晨两点，在急诊科工作的他们也得保持头脑清醒。有这样的白衣天使保护我们，真是万分感谢！

萨尔瓦多•达利

艺术家达利认为，想要激发创造力，就只能打盹儿，而且每次打盹儿都不能超过1秒钟。为了不让自己睡着，他每次打盹儿的时候，手里都握着一把金属钥匙。每次快要睡着的时候，钥匙就会滑落，这样一来，就可以吵醒他啦。

沙奎尔•奥尼尔

篮球传奇人物奥尼尔深受“睡眠呼吸暂停”的困扰。这种病症不仅会让人打鼾，而且会导致长达几秒钟的窒息。造成这种病症的原因有很多，其中就包括舌头过于肥大等。

玛丽•雪莱

有次做的清醒梦，（做这种梦的时候，我们会清醒地知道自己在做梦）的时候，雪莱梦到了一个怪兽。于是，她马上睁开眼睛，虽然非常害怕，但她立即动笔撰写了她的代表作——《弗兰肯斯坦》（Frankenstein）。

和宠物一起睡觉

在美国，71%的人都爱和自己的宠物一起睡觉。

冰屋

几个世纪以来，爱斯基摩人（Eskimos）在打猎的时候都会搭建冰屋来抵御北极的严酷天气。冰屋是一种可以自己支撑的圆顶建筑，由雪块制成，十分舒适。

北美洲

吊床

中美洲和南美洲的人们发明了吊床，直到今天，许多墨西哥人和南美洲人仍然习惯在吊床上睡觉。

欧洲

中美洲

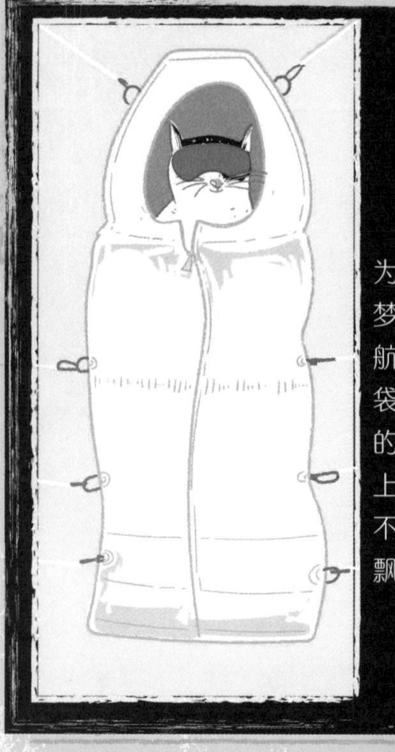

睡在太空里

为了能有一夜好梦，太空里的宇航员不得不把睡袋挂在宇宙飞船的墙上或天花板上，这样他们才不会在睡梦中飘走。

南美洲

树屋

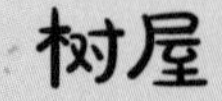

几百年来，不管是在亚洲，还是在南美洲，都有很多人习惯于在树屋里睡觉。以后你也可以试试，多酷炫呀！

晚上十点

在南美洲的阿根廷，孩子们的睡觉时间算是全世界最晚的。他们父母上床睡觉的时候，他们才会去睡觉呢！

南极洲

精彩户外

能在野外探索大自然，让人既惊喜又激动。对户外冒险者来说，能在简简单单的睡袋里睡上一觉，别提有多棒了！

炕

炕是一种用砖块搭建的台子，人们把这些砖块加热，来保持炕的温暖和舒适。几个世纪以来，在中国北方地区，炕都广为流行，直到今天，也还在被广泛使用。人们在炕上工作、娱乐，当然了，也在炕上睡觉。

午睡

几千年前，西班牙人就有午睡的传统，主要是为了在炎热的天气里乘乘凉。

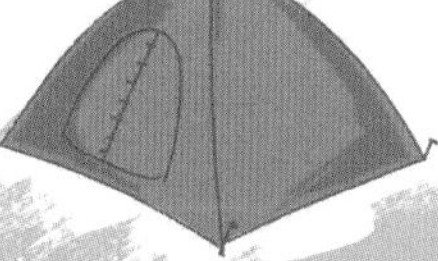

太高啦！

珠穆朗玛峰是地球上人类睡过最高的地方。在高海拔地区，因为氧气稀薄，往往更难入睡。

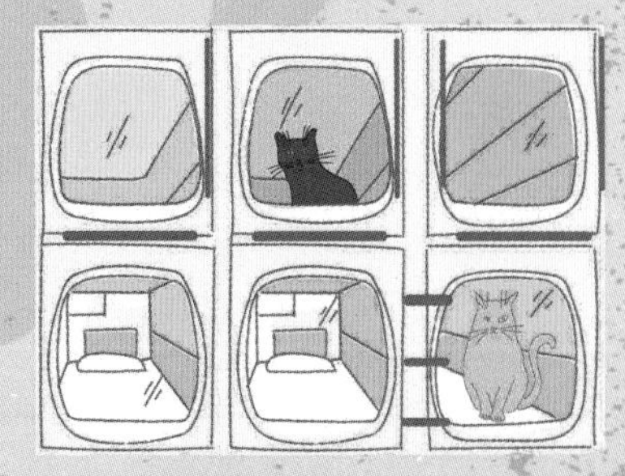

胶囊床

在日本的胶囊旅馆里，有许许多多个胶囊床舱，每个“胶囊”大约都是一张单人床的大小。如果你没有幽闭恐惧症的话，睡睡看也不错哦！

神奇的蚊帐

2000年以来，蚊帐拯救了非洲和亚洲4.5亿人的性命，保护了他们免受疟疾之苦，因为疟疾往往是由会咬人的蚊子传播的。

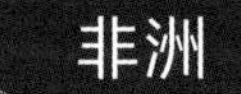

大洋洲

怎么睡？在哪睡？

我们睡觉的地方五花八门，可不仅仅是睡在床上哦！比如，露营的时候，我们睡在帐篷里；坐船的时候，我们睡在船舱里；还有的时候，我们甚至睡在树上！就好比吊床也不仅仅只出现在沙滩上那样。从古至今，有很多睡觉方式都被流传了下来。

南极洲

睡多久才够呢？

我们所需的睡眠时间因人而异。但是，可以肯定，比起成年人，孩子们需要更多的睡眠。随着年龄的增长，我们需要的睡眠时间反而会减少。那么，对于你所处的年龄段来说，有哪些睡眠相关的建议呢？

一分钟科普

人类是自然界唯一有主动睡觉意识的哺乳动物。

30%

世界上30%的儿童每晚都面临着各种各样的睡眠问题。

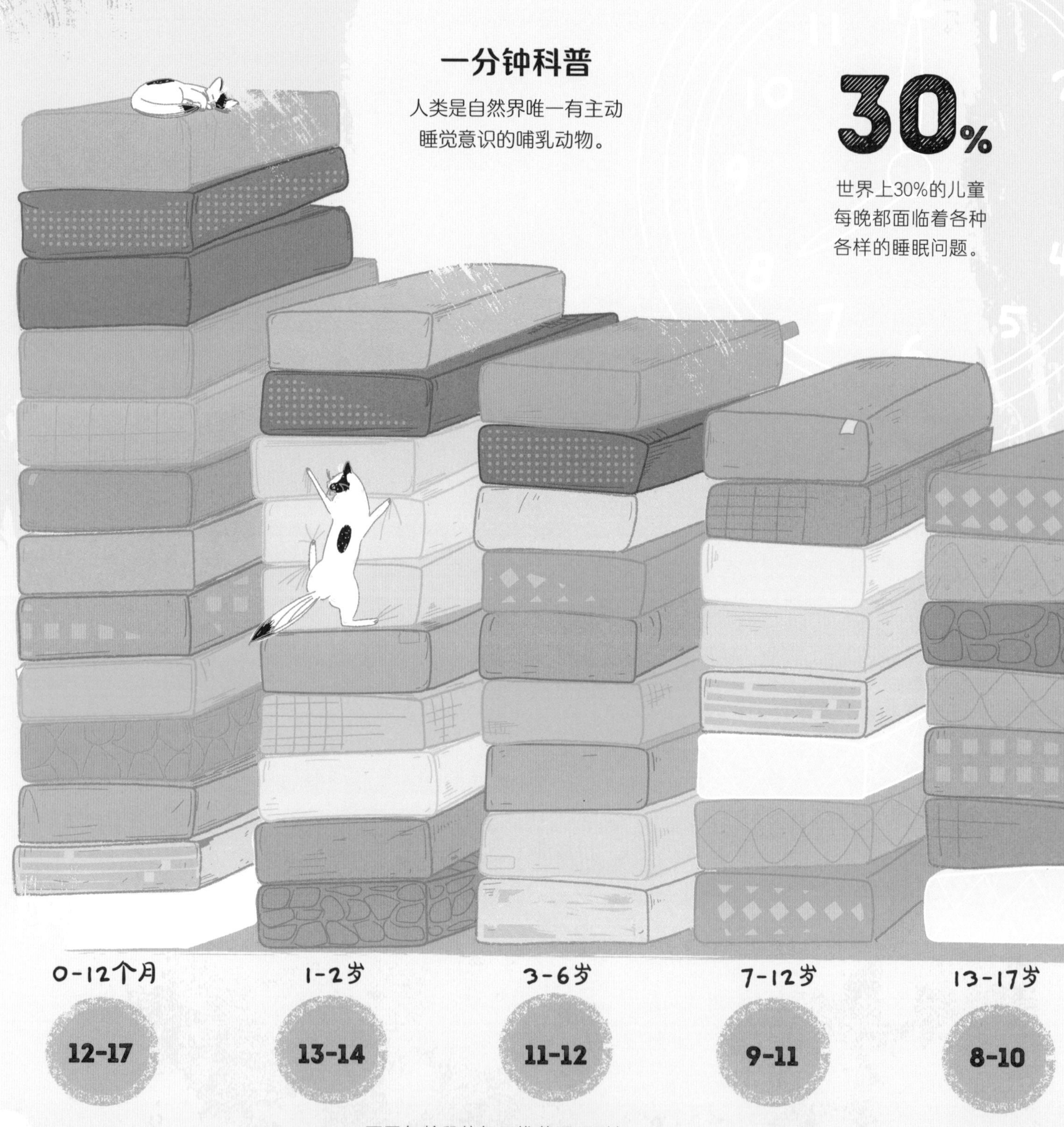

不同年龄段的每日推荐睡眠时长
单位：小时

焦虑

如果我们觉得自己没有睡够，会更容易焦虑，于是每次睡觉前，都会忧心忡忡。这很正常。

打盹儿

在白天小睡一会儿可以让小朋友的身心得到及时的休息。长大之后，打盹儿可以帮我们补觉，减缓疲惫。但是，注意可不要睡太久——不要超过三十分钟哦！

18-64岁	65岁以上
7-9	7-8

小测试

你睡饱了吗？

1. 每天醒来，你感觉如何？

a. 精神抖擞，准备好迎接新的一天啦！

b. 有点累，但是，吃完早饭就好多了。

c. 糟透了，我觉得太累了，一整天都昏昏欲睡。

2. 你会忘事儿吗？

a. 不会，尤其是重要的事情，更不会。

b. 有时候会。

c. 我叫什么名字来着？

3. 你容易生气吗？

a. 不容易生气。

b. 累了的时候，会生气。

c. 容易生气，为什么所有人都这么讨厌？

4. 你很难集中注意力吗？

a. 不会，我的专注力堪比老鹰！

b. 有时候会，尤其是我开始做白日梦的时候。

c. 刚才的问题是什么来着？

5. 你一般睡几个小时？

a. 9-12个小时。

b. 8-10个小时。

c. 少于8个小时。

测试结果：

A选项更多 睡眠时长充足——你是个睡神呀！

B选项更多 睡眠时长一般——你也可以多睡会儿哦！

C选项更多 睡眠时长不足——你真的得多睡会儿啦！

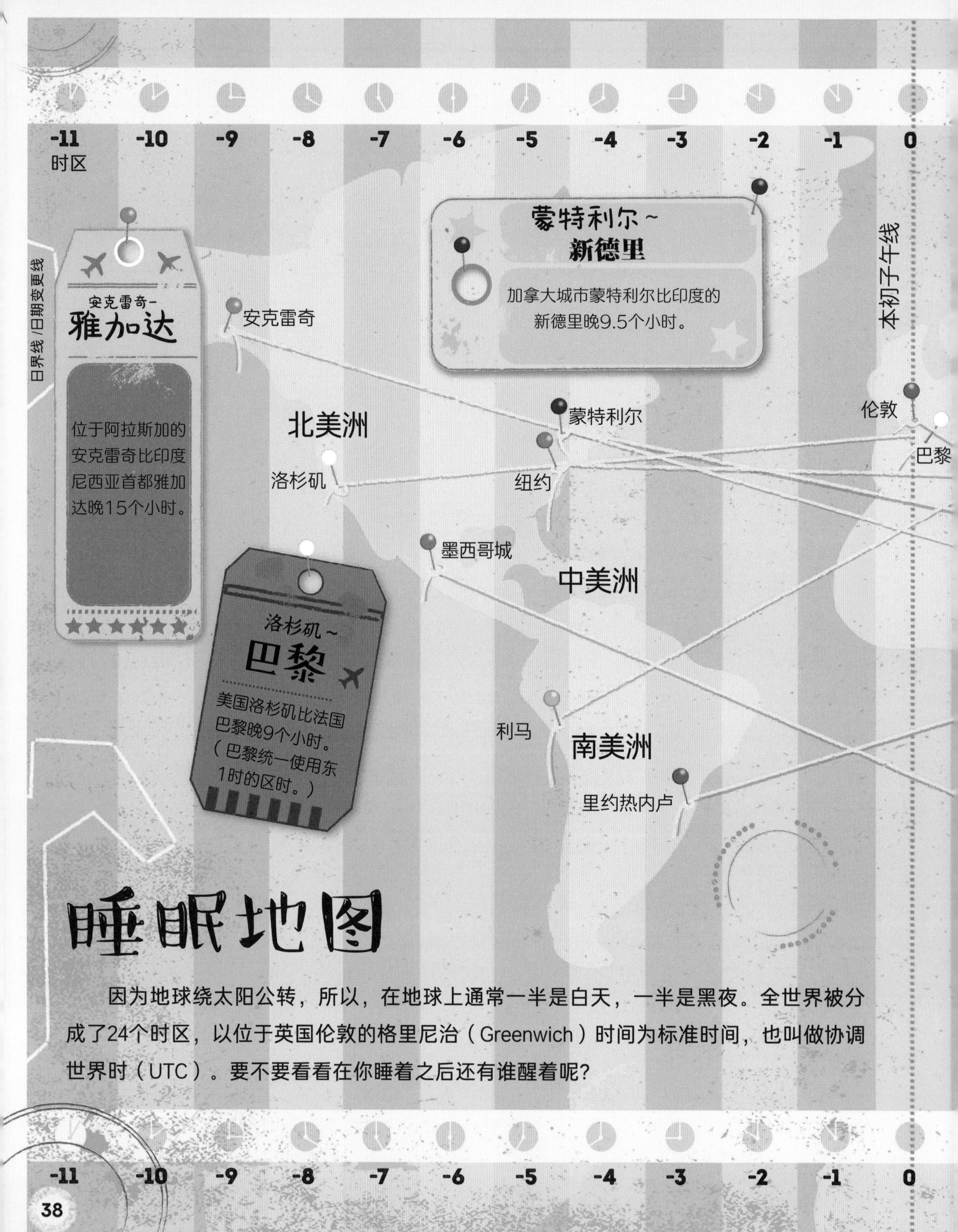

睡眠地图

因为地球绕太阳公转，所以，在地球上通常一半是白天，一半是黑夜。全世界被分成了24个时区，以位于英国伦敦的格里尼治（Greenwich）时间为标准时间，也叫做协调世界时（UTC）。要不要看看在你睡着之后还有谁醒着呢?

几点了？

当我们在旅行中经过不同时区的时候，我们的生物钟会产生混乱，也就是所谓的“时差反应（jet lag）”。向东旅行的时候，更容易造成睡眠问题，这是为什么呢？因为我们的生物钟实际遵循的是24.5小时的运转周期。所以，如果我们向东旅行的话，就会丢失更多时间。

大自然中的睡眠

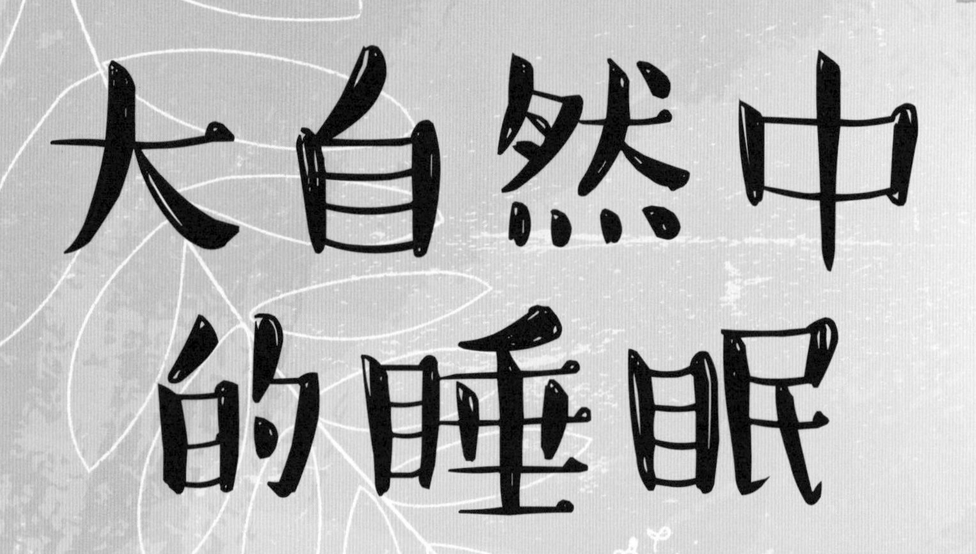

睡觉大王

猫咪每天都能睡16个小时以上！不过，这些并不都是深度睡眠——一到吃饭或者主人召唤的时候，它们就醒啦！

尽管我们无法确定是不是每种生物都会睡觉，但是除了人类以外，大部分的动物也都会以各自的方式休息。大自然里危机四伏，许多动物连睡觉的时候眼睛都是睁开的。还有些动物很长时间都不睡觉，这样就可以保护它们宝宝的安全了。

也有些动物习惯集体睡觉，比如猫鼬/狐獴。睡着之后，它们会安排站岗放哨的成员来保护一大家子的安全。说起睡着之后保护自己的行为，最萌的一种可能就是海獭啦，它们漂在海面上睡觉的时候，会把小爪爪握在一起。有时候，放眼望去，海面上漂浮着上百只睡着的海獭——简直就像一只毛乎乎的木筏！

绿头鸭

你见过睡成一排的鸭子吗？再靠近一些，你就会发现，“睡”在两头的鸭子其实都睁着一只眼睛呢，这样中间的鸭子就可以安心睡觉啦。

漂泊信天翁

漂泊信天翁能在46天里环游世界一圈，这期间，它们都是一边飞行，一边睡觉。

倒悬鹦鹉

倒悬鹦鹉，也叫“蝙蝠”鹦鹉。它们睡觉的时候，喜欢倒挂在树上，躲在层层叠叠的树叶里。

鷦（jiāo）鹩（liáo）

像鷦鹩之类的小型鸟儿喜欢挤在一起睡觉取暖。有一次，有人在一个小小的鸟巢里发现了整整63只挤在一起睡觉的鷦鹩！

猫头鹰宝宝

比起成年鸟类，小猫头鹰宝宝们的快速眼动睡眠（REM sleep）时间会更长，这也更有利于它们的大脑发育。

斑胸草雀

澳大利亚斑胸草雀做梦的时候还会唱歌哦！

迁徙

大部分的鸟类通常在夜晚迁徙。那么，它们什么时候睡觉呢？其实，迁徙期间，鸟儿们会颠倒自己的睡眠模式，它们会在白天的时候睡上几百觉，这样，晚上迁徙的时候，就不用睡觉啦。

高山雨燕

这种鸟儿的吃、喝、睡都可以在飞行途中完成，所以它们可以保持在空中连续飞上七个月之久。

军舰鸟

近期的研究表明，军舰鸟在长达几周不间断的飞行期间，会偶尔睡上十来秒。简直是打盹专家呀！

野鸽

我们最熟悉的鸽子竟然可以在半空中做后空翻！在地铁上睁一只眼闭一只眼睡觉，这也太酷了吧！

斯温氏夜鸫

这种夜鸫每年都会飞越三千英里，迁徙到南美洲。夜晚，它们一直飞行，从不停歇。到了白天，它们就会开始觅食，而且会打上好几百个盹儿！

蔚蓝天空

有的鸟儿可以一边飞行，一边睡觉。有的鸟儿在睡觉的时候，会用爪子紧紧地抓住树干，防止睡着之后掉下来。还有的鸟儿就连睡着之后都会睁着一只眼睛，防止敌人入侵，甚至会保持半边大脑的活跃和清醒。

广袤大地

人类遵循的是单相睡眠模式。也就是说，我们习惯在夜晚睡上一整觉。但是，许多动物却更习惯多相睡眠模式。它们会在白天和夜晚睡上好多觉，只不过每次睡觉的时间都比较短。

黑熊

事实上，熊类并不会冬眠。这是为什么呢？因为它们的身体实在是太大啦！不过，它们通常会进入一种深度睡眠状态——蛰伏（torpor）。在这种状态下，它们能够保存能量。同时，如果受到惊扰，它们也能迅速醒来！

蝴蝶

蝴蝶虽然也会休息，但是它们从来不会闭眼，因为它们没有眼皮呀！

狮子

狮子恐怕是最厉害的贪睡“大猫”啦！它们每天能足足睡上20个小时！公狮子比母狮子睡得更多，因为母狮子还要负责打猎呢！

多毛犰狳

这种自带盔甲的睡眠冠军每天要躲在洞里睡上18~20个小时呢！

猩猩

夜幕降临的时候，猩猩喜欢蜷缩在树顶睡觉，那里的“床”舒服极了，是用树叶和嫩枝做成的。

牛蛙

牛蛙可以好几个月不睡觉！它们的确也会偶尔休息一下，但是，大部分时间它们都是保持清醒的。

考拉

考拉以吃桉树叶为生，但是这种树叶可难消化啦。这恐怕也是它们每天要挂在树上睡上22个小时的原因了吧！

蛇

蛇类从来不会闭眼。所以，很难分辨它们到底是在睡觉还是在盯着它们的下一顿大餐……天呐！

苍蝇

苍蝇的睡眠模式和人类的很相似。和我们一样，如果没休息好的话，苍蝇也会表现出缺觉的状态。幼年苍蝇比起成年苍蝇需要更多的睡眠。苍蝇甚至也会午睡哦！

蜜蜂

勤劳的小蜜蜂会在工作中累到睡着！有时候，我们可以在花朵里找到睡着的小蜜蜂哦！

马

马通常是站着睡觉的，但在快速眼动睡眠阶段，它们偶尔也会短暂地躺下一会儿。

长颈鹿

世界上最高的动物却是睡得最少的。长颈鹿平均每天只会睡上30分钟，每次打盹儿只有5分钟。

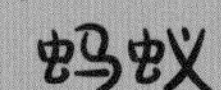

工蚁们有时候一天可以打上250次盹儿！蚁后可就不一样啦，它可以安安心心连续睡上九个小时呢。

蚁后

鼹鼠

鼹鼠是一种勤劳的小动物，它们每天都坚持工作四小时，再睡上四小时，这样一直持续一整天。

兔子

白天，兔子都在地洞里睡觉。每到黎明和傍晚时分，它们才会开始活跃。兔子的牙齿和指甲一直在疯长，好像从不停歇。

袋熊

澳大利亚袋熊每天要睡上16个小时！不过，它们可是堪比博尔特的跑步健将哦！

欧亚獾

獾住在由很多个“小房间”组成的獾穴里。白天，它们喜欢和自己的一大家子睡在那里。獾很爱收拾房间，它们经常会替换自己的“被褥”，或者拿出去吹吹风。

猫鼬

猫鼬喜欢在地洞里睡觉。睡觉的时候，它们一个叠在另一个身上。占据统治地位的雌性总是睡在最底部的位置。

蚯蚓

天气干燥的时候，蚯蚓会蜷缩成球状，睡在用黏液作为里衬的地下“卧室”里。

周期蝉

这种蝉能在地下睡觉和生活长达17年之久！

跳鼠

可爱的小跳鼠在沙漠里生活。白天，它们在地洞里睡觉，还会用沙子封住洞口，这样，就可以阻挡外界的炎热和保持洞穴里的湿润啦！

耳廓狐

耳廓狐生活在北非，体型娇小，有着一对像蝙蝠一样的大耳朵。为了躲避外界极其炎热的天气，它们通常在凉快的兽窝里睡觉。耳廓狐的皮毛也可以帮助它们保持清凉，毛乎乎的小爪子像穿了小靴子似的。

神秘地下

许多动物全年都睡在地下。但是每到冬天，一旦进入冬眠状态，它们的睡眠模式就有可能改变。冬眠可不仅仅是一次深度睡眠那么简单，它还可以帮助小动物们储存能量，从而度过整个冬天。

深邃海底

海洋生物睡起觉来千奇百怪，小鱼儿睁着眼睛打盹儿，大鲨鱼却在洋流中打瞌睡。

海獭

可爱的小海獭喜欢漂在海面上睡觉，还会裹上用海藻做成的小毯子。

抹香鲸

抹香鲸喜欢成群结队地一起睡觉。它们一边垂直立在水中，打上几分钟的盹儿，一边还在水下摆动，就好像巨大的软木塞子一样。

章鱼

据说，在睡觉的时候，这种长着触角的神奇动物会进入快速眼动睡眠——也就是说，它们或许在做梦哦！

鹦鹉鱼

这种奇怪的鱼儿睡觉的时候会用黏液把自己包住，睡在用鼻涕泡泡做成的睡袋里。

海龟

海龟习惯一边在海底睡觉，一边还能憋上好几个小时的气呢！

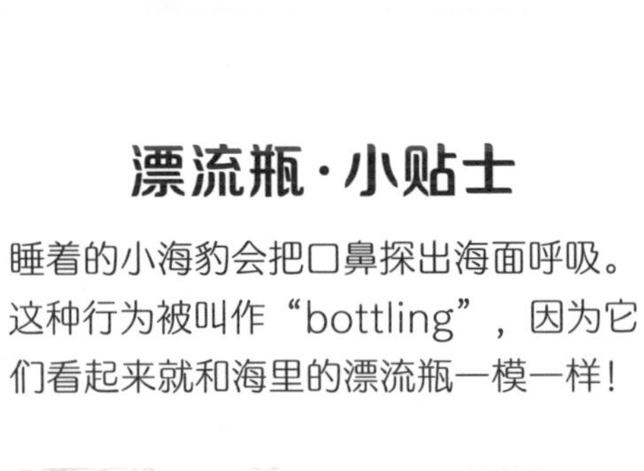

漂流瓶·小贴士

睡着的小海豹会把口鼻探出海面呼吸。这种行为被叫作“bottling”，因为它们看起来就和海里的漂流瓶一模一样！

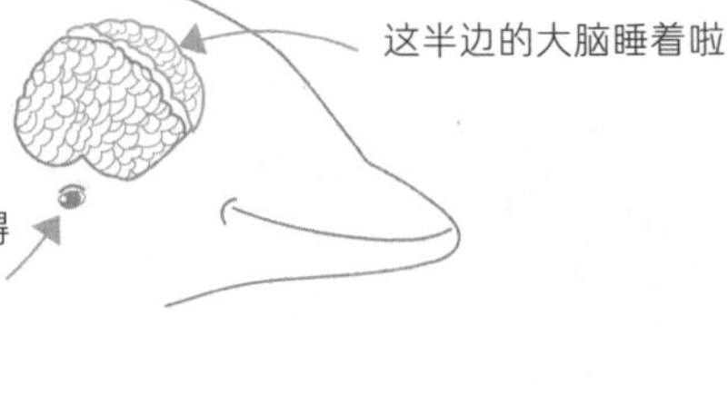

宽吻海豚

海豚睡觉的时候，只有一半的大脑是熟睡的，另一半的大脑则是清醒的，这样可以对危险保持警觉。

鲶鱼

有些鱼儿，比如鲶鱼，一到夜晚就沉沉睡去，一动也不动。

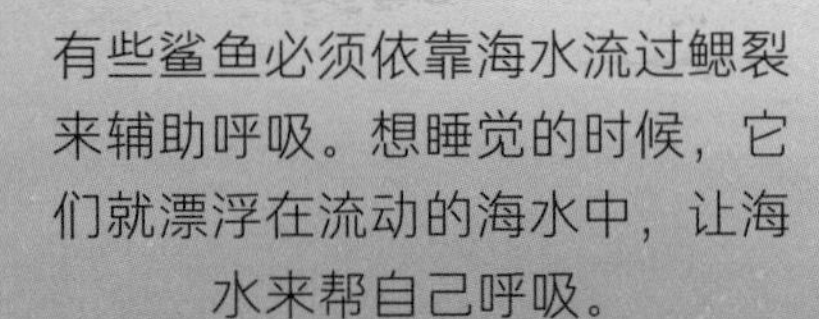

鲨鱼

有些鲨鱼必须依靠海水流过鳃裂来辅助呼吸。想睡觉的时候，它们就漂浮在流动的海水中，让海水来帮自己呼吸。

珊瑚

有的珊瑚可能看起来很像岩石，但它们可是由成千上万个珊瑚虫组成的！珊瑚通常昼伏夜出，每到夜晚，它们才舒展触角，开始觅食。

斑马鱼

娇小的斑马鱼会打盹儿，甚至还会失眠哦。

天黑请闭眼

当我们进入梦乡的时候，有些生物才刚刚起床。为了更好地在黑暗的环境中生存，夜行动物有着更加敏锐的感官，比如嗅觉、听觉等。它们有的还长着巨大的眼睛，这样就可以在夜间更好地“导航”啦。

丛林狼

丛林狼早已习惯在北美洲的许多城市生活，它们昼伏夜出，以此躲避人类。

蝙蝠

世界上有超过1400种蝙蝠。白天，它们倒挂在阴暗、潮湿的地方睡觉，比如洞穴、桥洞等。

萤火虫

萤火虫在黑暗的环境里会发光哦！它们在夜晚飞行，通过腹部的特殊闪光模式来吸引异性。大家可别被它们的名字欺骗啦，萤火虫实际上是一种甲壳虫，体型大约是一个回形针的大小。

老虎

老虎是一种擅长伏击的捕食性动物。它们通常在夜晚狩猎，因为黑暗可以帮助它们在猎物面前更好地隐藏自己。大快朵颐之后，它们会睡上18个小时来消化吃到肚子里的大餐。

穿山甲

有些濒危的穿山甲喜欢在白天睡在地洞里，也有一些喜欢睡在树上。

蝎子

在紫外线（月光中也有紫外线哦）的照射下，蝎子会发出微弱的光。

狐蝠

这种大型蝙蝠喜欢群居生活，经常成群结队地挂在树上。它们长着可爱的大眼睛，爱吃花粉、花蜜和水果。

夜猴

夜猴，也叫猫头鹰猴。它们是世界上唯一一种夜行灵长目动物。它们长着圆圆的大眼睛，可以帮助它们在黑暗中看得更清楚。

仓鸮

在漆黑的夜晚，仓鸮（别名猫头鹰）会用它们敏锐的听觉感知猎物的方位。

眼镜熊

眼镜熊得名于它们眼睛周围那圈浅色的毛。它们会把“床”搭在树上，白天都在那里呼呼大睡。

蟑螂

这种敏捷的小动物通常在夜晚活动。和人类一样，如果不睡觉的话，它们也会进入一种呆若木鸡的状态，就好像睡着了似的。

浣熊

夜行的浣熊喜欢在夜晚觅食。它们几乎什么都吃，浆果也吃，汉堡也吃！

蛞蝓

这些夜行的小虫子可喜欢嚼东西了。而且，它们竟然有27000颗牙齿！

一般来说，狮子、老虎之类的肉食动物需要更长的睡眠时间，不仅比长颈鹿、大象之类的大型草食性动物要多，而且也比绵羊、山羊等被捕食类动物还要多得多。爬行类动物，比如鬃狮蜥，每晚要经历350个睡眠周期，每个周期持续80秒。

数字里的睡眠

动物王国里的睡眠模式千奇百怪。世界上最高的动物每天只睡30分钟，但是世界上最小的动物一次却能睡上20个小时以上。

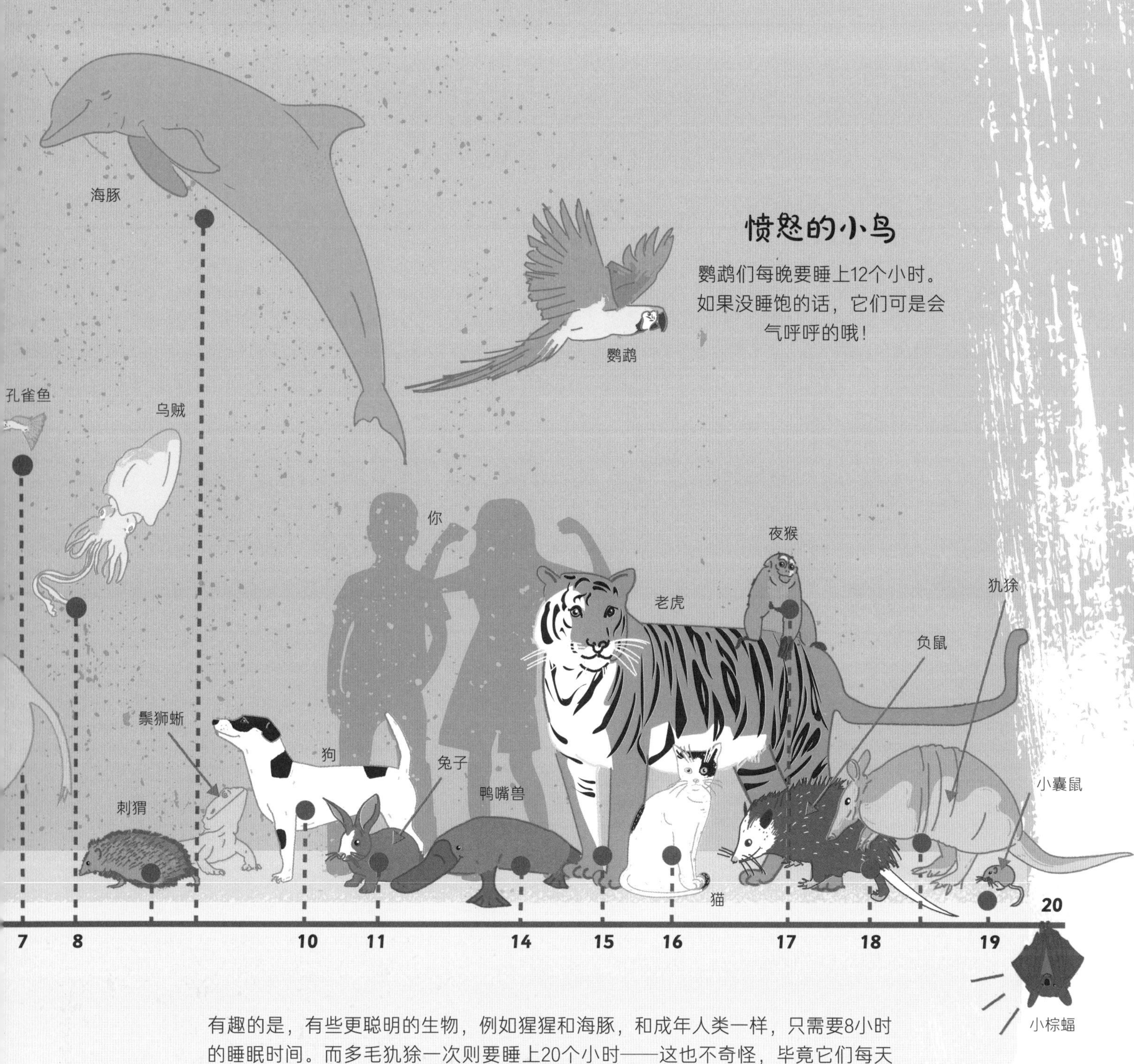

有趣的是，有些更聪明的生物，例如猩猩和海豚，和成年人类一样，只需要8小时的睡眠时间。而多毛犰狳一次则要睡上20个小时——这也不奇怪，毕竟它们每天要顶着身体重量3倍重的脑袋四处活动嘛。天呐！

缤纷植物

和我们一样，植物也会对昼夜明暗变化产生不同的反应。每当夜幕降临，许多植物就会凋谢，与此同时，它们也会吸收阳光照射下产生的葡萄糖（糖分）。对于郁金香、木槿之类的植物来说，每天至少需要6小时的阳光直射才能顺利开花。

月光花

月光花看起来就像一轮满月，通常在夜晚绽放。它们香气馥郁，会吸引夜晚活动的飞蛾前来授粉。

兰花

兰花的每个生长周期结束后，都会有一段休眠期，就像睡了长长的一觉似的。

番红花

许多植物——比如番红花和木槿，会在夜晚紧紧地合上花瓣。

木槿

光合作用

植物从阳光里获取能量，从空气中汲取水分和二氧化碳，而到了夜晚，这一过程也随之结束，植物会进入类似睡眠的状态来保存能量。

西番莲

有的植物还能起到助眠的作用。西番莲，又名转枝莲，可以入药，起到缓解焦虑、舒缓睡眠的效果。

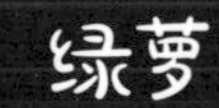

绿萝

绿萝这种悬垂类植物可以清除空气中的有害毒素，从而保证我们拥有更好的睡眠质量。

蟹爪兰

蟹爪兰需要12~14个小时的黑暗环境才能长出花苞，它们通常在圣诞季绽放，可以说是非常名副其实了。

郁金香

优质睡眠小贴士

喵之专注

猫咪是真正的四爪冥想大师，它们的呼噜声好比吟诵一般，让人感到无比平静。

良好的睡眠有助于我们的身心健康。想要改善睡眠质量，有各种各样的方式。例如，按时睡觉、学习冥想、拥抱正念等。其实，一些微不足道的改变就足以让我们睡得更好，比如，睡前一小时就把电子设备放到一边，或者在夜晚调暗灯光等。你也可以试着写一写梦境日记，这样，你就可以知道睡着之后你的小脑瓜都在想些什么啦！

真真假假

有多少关于睡眠的说法是真的呢？

平均每年，我们睡着之后会吞下8只蜘蛛！

假

纯属虚构！小蜘蛛才不会去张大的嘴巴旁边晃悠呢！

25%的儿童都会失眠。

真

大约四分之一的小朋友都会在童年的某个阶段面临睡眠问题。

打哈欠会传染。

真

就连看到“哈欠”这个词都会让人打哈欠！（读到这里，你打哈欠了吗？）

全世界15%的人都会梦游。

真

梦游会在家族中遗传哦！

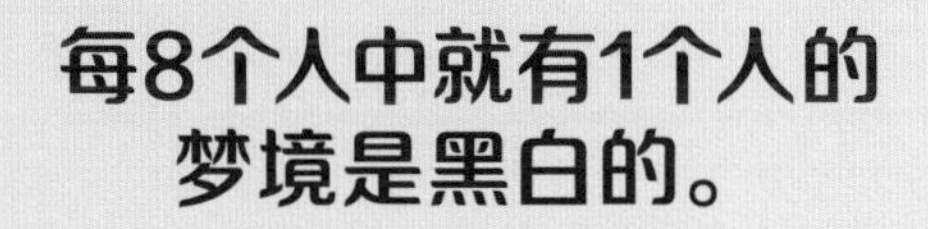

每8个人中就有1个人的梦境是黑白的。

真

彩色电视机发明之前，甚至有更多人的梦境都是黑白的。

小狗狗比大狗狗更容易做梦。

真

不过，大狗狗的梦要比小狗狗的梦持续时间更长哦！

有些聋哑人睡着之后会打手语！

真

这就好比有些人睡着之后会说梦话一样，只不过聋哑人会用手语替代罢了。

睡前吃奶酪会让人做噩梦。

假

但是如果我们睡前吃得太饱的话，我们的梦境可能会更加活灵活现哦！

日常运动能提高睡眠质量。

真

即便是每天锻炼30分钟（不过不要在睡前运动哦！），都能改善我们的睡眠质量。

正念

正念可以帮助我们专注于眼前正在做的事情上——关注我们的所思所感，并且不做任何评判。想要达到这个状态，就要多做冥想哦！

睡眠与冥想

定期冥想不仅可以使我们的内心获得平静，而且能让我们由内而外感到舒畅。它可以缓解焦虑，愉悦身心。同时，冥想还能提升智力、增强专注力、激发创造力。此外，通过冥想，我们还能更快入睡、睡得更好。因为它能促进褪黑素和血清素的生成，其中，血清素对我们的身心健康十分有益。

睡前冥想

舒舒服服地窝在床上。深呼吸——用鼻子吸气、嘴巴呼气。

把双手放在肚子上。先深吸一口气，直到肚子像气球一样圆滚滚的，
再长长地呼出一口气，直到肚子瘪下去为止。
重复三次。
练习得越多，做起来会越容易。

感知你身下的床，整个人好像要沉到软软的枕头和床垫里似的，
温暖而安全。卧室里的墙壁保护着你不受外界侵扰。
你感到平静且安宁，马上就要漂到梦乡里啦……

小贴士

如果分神了，也不要担心，接受这些杂乱的思绪，再继续专注于呼吸本身。

正念时刻

闭上眼睛，想象你身处一个美丽且放松的地方，或许是一片开满花朵的草坪，或许是有着轻柔海浪的沙滩。想象你能听到的声音、闻到的味道——越详细越好。随着你越来越放松，观察你的呼吸是如何一点点慢下来的。

如果多加练习这种想象的过程的话，每次进入你自己的独特想象空间都会越来越简单。

创建你自己的梦境日记

梦里发生了什么？

是什么样的梦呢？

- 普通的
- 恐怖的
- 重复的
- 搞笑的

日期 ________

把你的梦画下来吧

做梦的时候，你感受如何？

- 快乐
- 奇怪
- 无感
- 害怕

把梦境日记和铅笔 / 钢笔放在床边，方便一醒来就立刻记下梦境。

《昨日》

披头士乐队（The Beatles）成员保罗 · 麦卡特尼（Paul McCartney）在梦境中完成了《昨日》的谱曲，并且在醒来之后立刻把它记录了下来。

如何记录梦境

1. 写下你所记得的一切梦境内容。

2. 用涂鸦展现你看到的和感觉到的一切。

3. 记得标上日期，方便追踪梦境。

4. 你是否做过同样的梦？

5. 你感觉如何？

梦境日记

梦境日记是一种用来记录梦境的日记。每天起床后，我们可以马上把所梦到的一切写下来、画下来。梦境日记可以帮助我们排解烦恼，进行梦境记录之前，或许我们自己都没有意识到这些烦恼！

实用小贴士

这里是一些简单的小贴士，可以帮助提升睡眠质量。快来打造属于你自己的睡眠习惯吧，这样就能获得年复一年的好睡眠哦！

1. 自然

大自然有益于我们的心理健康。绿意盎然的户外时光能很好地改善我们的心情和睡眠。去吧——去拥抱一棵大树！

2. 气味

某些香气可以助眠，比如，薰衣草的香味可以起到镇定的作用，当我们想要放松的时候，闻一闻它简直再好不过啦。同样，玫瑰，缬草和香草也很适合放在卧室里扩香，对睡眠也很有帮助。

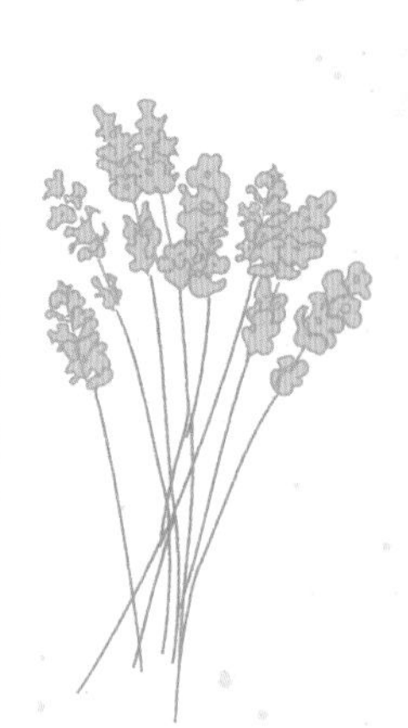

3. 睡眠习惯

1. 保持凉爽，因为最适合睡觉的温度是18摄氏度。
2. 每天早上都把床铺好。
3. 按时睡觉，按时起床。
4. 在夜晚，保持柔和的灯光。

4. 午睡

理想的午睡时长应在20分钟左右，并且最好不要拖到下午才睡。不过，学龄前儿童的午睡可以长达2小时。如果你在下午经常感到昏昏欲睡的话，那么你就得早点上床睡觉啦。

猫咪是世界知名小睡“专家”哦！

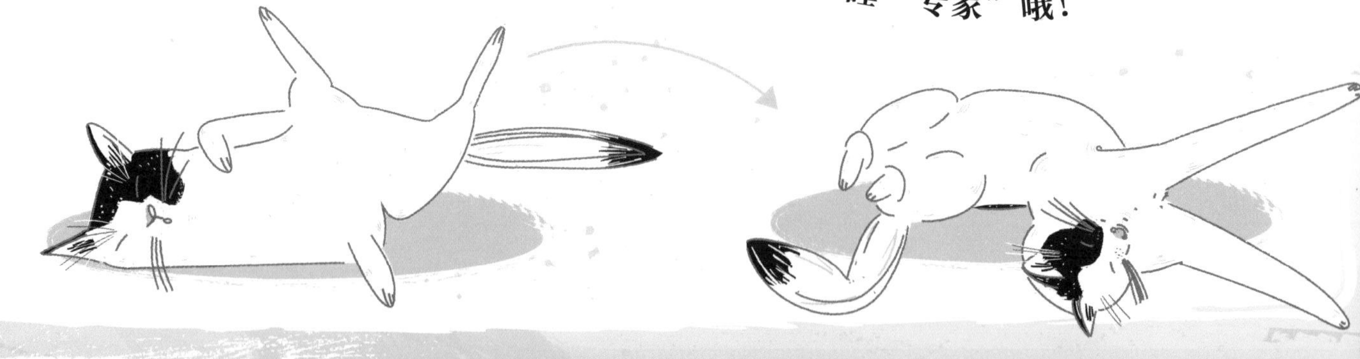

舒缓的声音

每分钟60拍的音乐可以助眠，因为这个节拍和休息状态下的心拍是吻合的。

5.

阳光

白天多晒太阳能帮助我们的身体产生维生素D，但也会抑制褪黑素的生成——褪黑素对于保证良好睡眠十分关键。

6. 食物

有些食物含有色氨酸——一种可以促进睡眠的氨基酸。如果你在睡前想吃点小零食的话，那么你可以试试下面这些有助于睡眠的食物哦！

酸奶

燕麦

花生酱土司

花生酱土司既有碳水化合物又有蛋白质——可以说是绝佳助眠组合了。

香蕉

香蕉富含镁和钾。

7. 室内盆栽

植物可以起到放松和净化的作用，有些甚至可以去除空气中的有毒化学元素。而改善空气质量对我们的健康和睡眠来说都是很有帮助的。

吊兰

虎皮兰

芦荟

8. 泡澡

睡前泡个热水澡吧——这样可以帮助我们的身体在睡前降温，从而能够更快入睡。

9. 睡前呼吸

试试看以下四种呼吸方式，它们有助于睡前放松心灵。

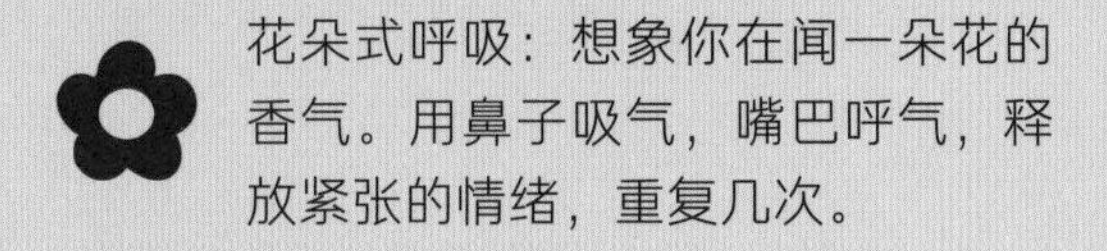

花朵式呼吸：想象你在闻一朵花的香气。用鼻子吸气，嘴巴呼气，释放紧张的情绪，重复几次。

熊式呼吸：像睡着的熊一样呼吸。用鼻子吸气——暂停——数三下——呼气——再数三下……再重复。

兔子式呼吸：想象自己是一只兔子！用鼻子快速吸气三次，再用鼻子长长地呼出一口气。这样有助于立刻平静下来哦。

“嘶嘶”式呼吸：用鼻子长长地深吸一口气——再通过嘴巴呼气，与此同时，发出像蛇一样的“嘶嘶”声。

10. 睡前拉伸

睡前拉伸有助于舒缓肌肉紧张。

1. 熊式拥抱：双臂抱住自己，抓住肩膀，保持30秒。放松并伸展双臂。换边，再重复以上动作。
2. 蝴蝶式拉伸：坐下来，把脚掌合并到一起，脊柱中立，保持这个姿势并感受这种舒缓的拉伸。
3. 侧边拉伸：一边坐着，一边伸展左臂，越过头顶。把右臂放在地上，向右侧倾斜——与此同时，保持左臂高于耳朵——保持住。换边并重复以上动作。

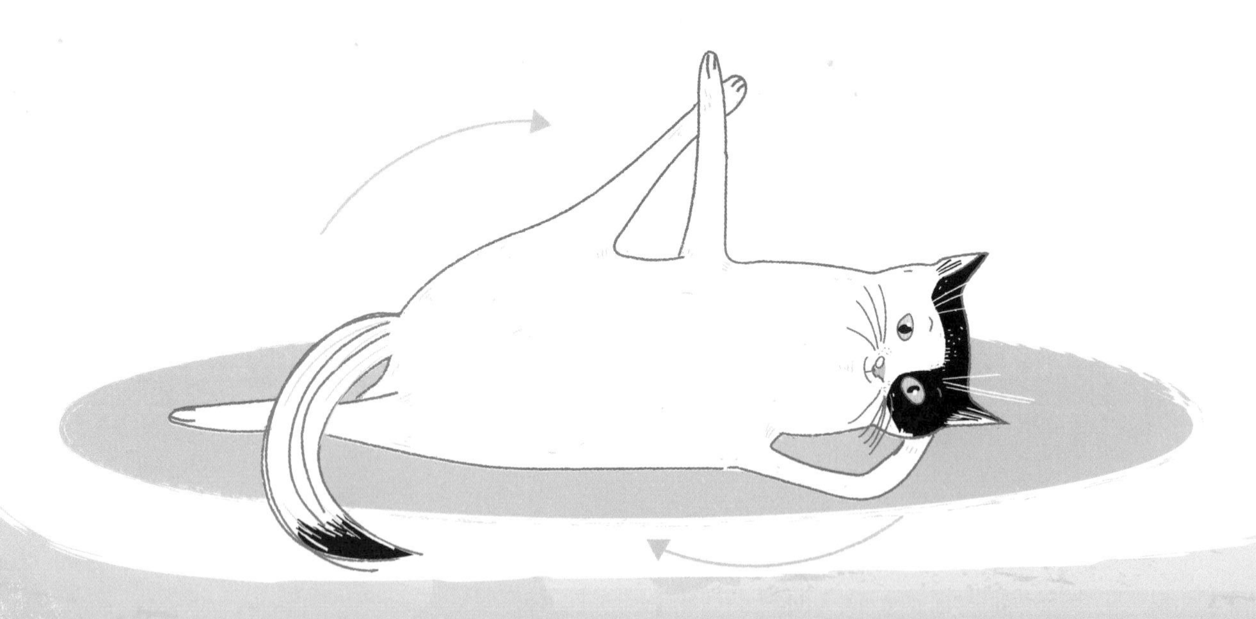

11. 电子设备

至少睡前一小时就得停止使用电子设备，因为这些设备产生的蓝光会造成睡眠激素褪黑素的紊乱，从而导致我们无法入睡。此外，蓝光还会导致焦虑。

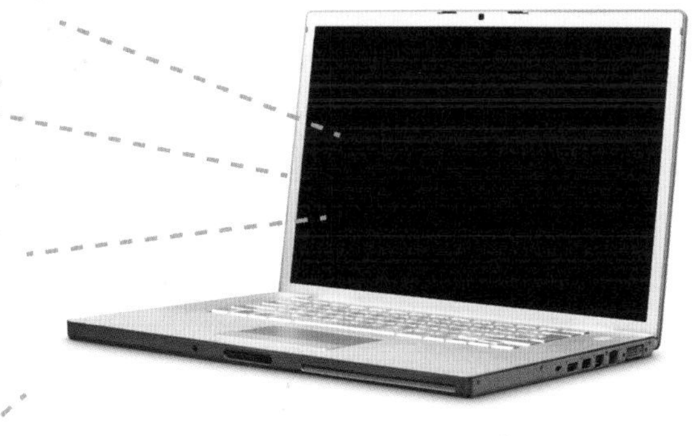

最好不要把电子设备带进卧室里。

梦中的短信

有些人甚至会在熟睡阶段发短信呢！

12. 热饮

一杯含钙的热牛奶不仅有益于我们的骨骼生长，而且可以催生睡眠激素。好喝！

13. 睡前故事

每晚睡前，读一读或者听一听故事真的有助于睡眠哦！它既可以帮我们养成睡眠习惯，又能在忙碌的一天结束后缓解压力。

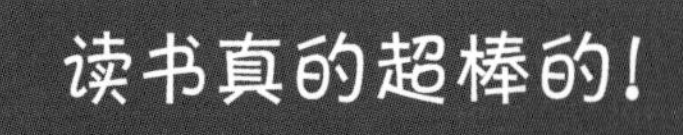

睡眠习惯

良好的睡眠习惯是保证优质睡眠的关键。每晚睡前，不妨尝试一些例行放松的活动，坚持一段时间之后，再来看看睡眠质量有没有得到提升吧！

术语表

半球（HEMISPHERE）
地球的一半——要么南边，要么北边

贝斯特（BASTET）
古希腊猫之女神

超自然的（SUPERNATURAL）
无法用科学或自然解释的现象

传染性的（CONTAGIOUS）
可以在人与人之间传播

打盹儿 / 小睡（NAP）
睡一小会儿，通常不包含在正常的睡眠时间里

吊床（HAMMOCK）
一种用类似帆布材质做成的床，通常用绳子或粗线拴在两点之间。

冬眠（HIBERNATION）
某些动物在冬天里的休眠状态

噩梦（NIGHTMARE）
又名“不好的梦”，这种梦通常令人不快，会使我们感到害怕或焦虑

伏击（AMBUSH ）
出其不意的攻击

幻觉（HALLUCINATION）
虚幻的经历

钾（POTASSIUM）
钾是我们身体里一种重要的矿物质，如果我们缺钾的话，就会感到虚弱和疲惫

焦虑（ANXIETY）
一种担心或紧张的情绪

快速眼动睡眠（REM SLEEP）
一种特殊的深度睡眠阶段，在这个阶段，我们容易做梦，而这些梦境往往都非常生动

麻痹的（PARALYSED）
身体的某些部位或者全身都无法动弹

镁（MAGNESIUM）
镁能保证免疫系统的健康，有助于强健骨骼、保持能量

梦（DREAMS）
人们睡着之后在脑海里浮现的一系列思绪和画面

觅食（FORAGING）
寻找吃的和喝的东西

民间传说（FOLKLORE）
人们世世代代口耳相传的传统信仰和故事

敏锐（ACUTE）
某方面发育得很完善

冥想（MEDITATION）
集中注意力，从而保证内心的清醒和平静

起因（TRIGGERS）
导致特定事件、感受或知觉的原因

清醒梦（LUCID DREAMS）
做这种梦的时候，我们会清醒地知道自己在做梦

（睡眠）呼吸暂停（APNOEA）
一种在睡眠状态下出现几秒钟呼吸暂停的症状

杀虫剂（INSECTICIDE）
一种可以驱除昆虫的化学制品

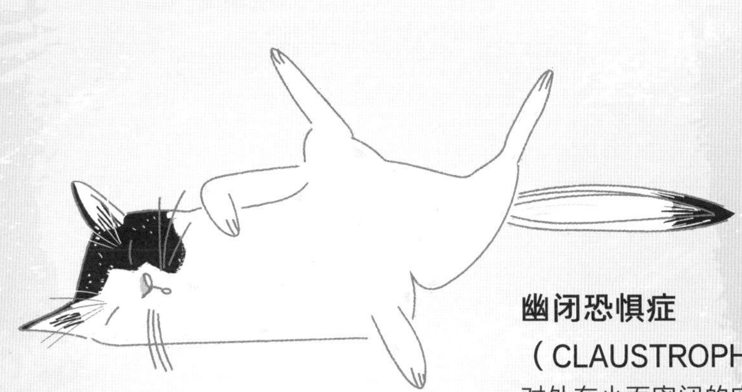

神话传说（MYTHS AND LEGENDS）
传统故事

生理时钟/睡眠时型（CHRONOTYPE）
人们自然倾向的睡觉时间

失眠（INSOMNIA）
很难入睡的状态

褪黑素（MELATONIN）
我们身体里的一种激素，有助于控制我们的睡眠模式

文明（CIVILIZATION）
以创建了城市或国家为特征的复杂社会

午睡（SIESTA）
此处特指炎热气候地区的人们往往在一天中最热的时候午睡

心理健康（MENTAL WELLBEING）
我们的思绪和感受

星座/星群（CONSTELLATION）
一组构成了可辨识图案的星星

压力（STRESS）
心理上或者情绪上感到紧张

夜行的（NOCTURNAL）
在夜晚活跃

幽闭恐惧症（CLAUSTROPHOBIC）
对处在小而密闭的空间内感到极度恐惧

预言（PROPHECY）
预见未来可能会发生的事情

蛰伏（TORPOR）
为了在食物短缺的时候生存，某些动物会进入这种低活跃度的状态

正念（MINDFULNESS）
主动意识到我们的思绪和感受

昼行的（DIURNAL）
在白天活跃

昼夜节律（CIRCADIAN）
自然界以24小时为周期的昼夜循环（不受昼夜光线明暗影响）

主动地（CONSCIOUSLY）
故意去做某事

自带盔甲的（ARMOURED）
有盔甲保护着

索引

Mimi
（睡眠专家）

Vicky Woodgate
维基·伍德盖特

Moka
（摩卡，喵星人打盹儿冠军）

作者简介

维基·伍德盖特（Vicky Woodgate）是一位经验丰富的画家。她的众多作品中，既有小小的插图，也有巨大的壁画——遍布世界各地。她也热衷于写作，至今已有两本著作出版。她笔下的内容无比酷炫，让人拍案叫绝。她在位于英国南部海岸的一个工作室创作，并与两位睡眠专家朝夕相处多年——摩卡（Moka）和咪咪（Mimi），它们也是本书喵星人睡眠向导的灵感源泉。

致谢

感谢西班牙最酷的女孩们——多莉（Dolly），南茜（Nancy）和弗里达（Frida）。
感谢佐伊（Zoë），谢谢你的灵感启发 :)
感谢我的侄女埃尔（El），谢谢你对于优质睡眠孜孜不倦的追求！
由衷感谢DK团队，你们一直都超棒！

DK出版社在此特别鸣谢以下人员：
感谢苏茜·瑞伊（Susie Rae）的审校和索引；感谢里图拉吉·辛格（Rituraj Singh）的图片研究；感谢维基·道森（Vicki Dawson）的咨询提供。
DK出版社在此特别鸣谢以下机构提供图片使用授权：
（图片位置关键词：a-上部；b-下部/底部；c-中间；f-边缘；l-左部；r-右部；t-顶部）
20 Alamy Stock Photo: The Picture Art Collection (cla). Bridgeman Images: © Zev Radovan (tr). 21 123RF.com: Antonio Abrignani (bl). Alamy Stock Photo: Science History Images / Photo Researchers (crb). 22 Getty Images: AFP / Khaled Desouki (cb). 23 Getty Images: De Agostini / DEA / G. Dagli Orti (bl). 25 Getty Images: Universal Images Group / Universal Images Group (t). 27 Dreamstime.com: Robert Spriggs (cl). 29 Science Photo Library: Sebastian Kaulitzki (tr). 58 Dorling Kindersley: Jerry Young (ca). 65 Dreamstime.com: Andreadonetti (bl). 67 Dreamstime.com: Axstokes (ca); Mikhail Matsonashvili (tr); Fototocam (cra); Le Thuy Do (clb)

就这样喵！